文／**蘿蘭‧史塔克莉**（Lauren Stockly）

　　兒童及青少年心理治療師，擅長以遊戲療法治療創傷，幫助病患情緒成長。她也是加州遊戲治療協會董事成員，經常在部落格 CreativePlayTherapist.com 分享介入性療法和提供相關資源。她還是 Bumble BLS 的創辦人，這家公司致力於開發 EMDR（眼動減敏與歷程更新治療）進階雙側刺激器，以提供居家治療和情緒調節。

圖／**艾倫‧蘇瑞**（Ellen Surrey）

　　插畫家和設計師。她的作品用色生動大膽，加上深受中世紀的設計和五、六〇年代的童書啟蒙，因此醉心於將舊時代美學引介給現代讀者。作品常發表於《紐約時報》、《紐約客》和《華爾街日報》。想進一步了解她，請見 ellensurrey.com。

譯／**林芳萍**

　　臺灣大學中文系、美國休士頓大學幼教研究所畢業，曾任大學兼任講師。著有低幼童話《ㄅㄆㄇ識字童話》；兒童詩歌《ㄅㄆㄇ唱學兒歌》、《青果子》、《彩虹花》、《愛畫畫的詩》、《誰要跟我去散步》、《我愛玩》；兒童散文《走進弟弟山》、《屋簷上的祕密》；散文詩《稻草人想說的話》；圖畫書創作《猜猜看去哪裡玩》、《猜猜看交通工具》、《猜猜看節日》、《會說話的畫》及翻譯等共百餘冊。曾獲金鼎獎優良圖書推薦獎、好書大家讀年度最佳少兒讀物獎、臺北市公車詩文獎等多項大獎肯定。

蘿蘭和艾倫

這對好朋友從幼兒園時，就是一個寫一個畫的好搭檔。當然，她們從小展露的天分現在已經琢磨得更為成熟。這本書是她們用一輩子深植的友誼，再次開心攜手的繪本創作！

精選圖畫書

注意！情緒怪獸來襲
引領孩子認識 & 接納情緒的療癒繪本

作者：蘿蘭‧史塔克莉　繪圖：艾倫‧蘇瑞　翻譯：林芳萍

總編輯：鄭如瑤｜主編：陳玉娥｜編輯：張雅惠｜特約編輯：左凱倫｜美術編輯：莊芯媚｜行銷副理：塗幸儀｜行銷助理：龔乙桐

出版與發行：小熊出版‧遠足文化事業股份有限公司
地址：231 新北市新店區民權路 108-3 號 6 樓｜電話：02-22181417｜傳真：02-86672166
劃撥帳號：19504465｜戶名：遠足文化事業股份有限公司｜Facebook：小熊出版｜E-mail：littlebear@bookrep.com.tw

讀書共和國出版集團
社長：郭重興｜發行人兼出版總監：曾大福
業務平臺總經理：李雪麗｜業務平臺副總經理：李復民｜實體通路暨直營網路書店組：林詩富、陳志峰、郭文弘、賴佩瑜、王文賓
海外暨博客來組：張鑫峰、林裴瑤、范光杰｜特販組：陳綺瑩、郭文龍｜印務部：江域平、黃禮賢、李孟儒
讀書共和國出版集團網路書店：http://www.bookrep.com.tw｜客服專線：0800-221029
客服信箱：service@bookrep.com.tw｜團體訂購請洽業務部：02-22181417 分機 1124
法律顧問：華洋法律事務所／蘇文生律師｜印製：凱林彩印股份有限公司

初版一刷：2022 年 12 月｜定價：350 元
ISBN：978-626-7224-10-6（紙本書）
　　　978-626-7224-09-0（EPUB）
　　　978-626-7224-08-3（PDF）
書號：0BTP1137

小熊出版官方網頁　　小熊出版讀者回函

國家圖書館出版品預行編目 (CIP) 資料

注意！情緒怪獸來襲：引領孩子認識 & 接納情緒的療癒繪本／蘿蘭‧史塔克莉文；艾倫‧蘇瑞圖；林芳萍譯 . -- 初版 . -- 新北市：小熊出版：遠足文化事業股份有限公司發行，2022.12
36 面；25×25 公分 . --（精選圖畫書）
譯自：Be mindful of monsters : a book for helping children accept their emotions
ISBN 978-626-7224-10-6（精裝）

1.CST：育兒　2.CST：情緒教育　3.CST：繪本

428.8　　　　　　　　　　　　111017588

注意！
情緒怪獸來襲

引領孩子認識＆接納情緒的療癒繪本

文／蘿蘭・史塔克莉　　圖／艾倫・蘇瑞

譯／林芳萍

走開！

　　安安是一個喜歡冒險又想像力豐富的小男孩，會把各種情緒想像成一隻隻怪獸。他很歡迎「快樂」和「平靜」來找他，而且想待多久，就待多久。但是卻會對其他像是「生氣」、「擔心」、「悲傷」和「害怕」的情緒怪獸，說：「走開！」

因ㄧㄣ為ㄨㄟ，安ㄢ安ㄢ覺ㄐㄩㄝ得ㄉㄜ讓ㄖㄤ人ㄖㄣ不ㄅㄨ愉ㄩ快ㄎㄨㄞ的ㄉㄜ情ㄑㄧㄥ緒ㄒㄩ，都ㄉㄡ是ㄕ又ㄧㄡ醜ㄔㄡ又ㄧㄡ可ㄎㄜ怕ㄆㄚ，又ㄧㄡ臭ㄔㄡ又ㄧㄡ恐ㄎㄨㄥ怖ㄅㄨ的ㄉㄜ怪ㄍㄨㄞ獸ㄕㄡ。只ㄓ要ㄧㄠ牠ㄊㄚ們ㄇㄣ一ㄧ出ㄔㄨ現ㄒㄧㄢ，「平ㄆㄧㄥ靜ㄐㄧㄥ」就ㄐㄧㄡ會ㄏㄨㄟ躲ㄉㄨㄛ起ㄑㄧ來ㄌㄞ。當ㄉㄤ牠ㄊㄚ們ㄇㄣ偷ㄊㄡ偷ㄊㄡ在ㄗㄞ附ㄈㄨ近ㄐㄧㄣ徘ㄆㄞ徊ㄏㄨㄞ，安ㄢ安ㄢ的ㄉㄜ身ㄕㄣ體ㄊㄧ就ㄐㄧㄡ會ㄏㄨㄟ不ㄅㄨ舒ㄕㄨ服ㄈㄨ，一ㄧ些ㄒㄧㄝ不ㄅㄨ好ㄏㄠ的ㄉㄜ念ㄋㄧㄢ頭ㄊㄡ和ㄏㄢ記ㄐㄧ憶ㄧ，也ㄧㄝ會ㄏㄨㄟ開ㄎㄞ始ㄕ在ㄗㄞ他ㄊㄚ的ㄉㄜ心ㄒㄧㄣ裡ㄌㄧ吵ㄔㄠ吵ㄔㄠ鬧ㄋㄠ鬧ㄋㄠ，亂ㄌㄨㄢ成ㄔㄥ一ㄧ團ㄊㄨㄢ。

有一次，安安在準備一個重要的考試時，「擔心」躡手躡腳的從背後靠了過來。安安要牠後退，牠卻變得越來越大、越來越大，大到安安沒辦法控制牠，也沒辦法專心準備考試。

以前，安安總是能夠跟「生氣」保持距離，不讓牠靠近。最近，「生氣」卻老是在他身邊跟前跟後，怎麼趕都趕不走。當牠突然猛烈的撲上來，安安心中的怒火會瞬間爆發，他氣得咬牙切齒，掄起拳頭，失控得大吼大叫並狂跺腳。

　　安安非常想念一個特別的人，但只要一想起對方，心裡就很難過，所以安安學會把「悲傷」當作「快樂」，告訴自己一切都很好。

　　但是，安安越不想理會「悲傷」，「悲傷」就越想引人注意。很快的，安安發現一味的逃避「悲傷」，最後也很難再發現「快樂」。沒有了「悲傷」或「快樂」，那些感興趣的事，都變得不再有趣了。

安安的媽媽要去店裡買東西，她跟安安保證很快就會回家。但她才剛出門，「害怕」和「擔心」就一前一後的闖進屋裡。

安安以為只要假裝牠們不在那裡，盡量想一些好玩的事情，牠們就會離開。這個方法剛開始還有效，可是當注意力一分散，那些怪獸又出現了，而且還帶來一連串讓人不開心的念頭。

到了晚上，安安變得很難入睡。即使睡著，也會被惡夢驚醒，手心冒冷汗，心臟怦怦跳。安安被那些怪獸折騰得快崩潰了。

直到有一天，這些讓安安不愉快的情緒怪獸同時跑了出來。因為逃避反而使牠們變得更強大，所以這下牠們全都糾結成一團，變成一隻安安能想像的最醜、最臭又全身黏糊糊的超級大怪獸！

安安隱約還可以看到「生氣」、「害怕」和其他怪獸就藏在那團爛泥裡。面對這麼一隻大怪獸，安安完全無法抵抗，整個人就像掉進了一直往下沉的流沙裡。

於是，安安把怪獸的事情告訴媽媽。媽媽聽完之後，緊緊抱著他，說：「你一一直把那些怪獸藏在心裡，牠們雖然看起來很可怕，其實只是想要得到你的幫助。」

「你是說，牠們並不危險嗎？」安安問。

「牠們不會傷害你。」媽媽接著說：
「每一隻怪獸的出現都有原因。只要你好好的注意牠們，關心牠們，牠們可以幫助你更了解自己的身體和心理的需求。」

安安瞥了一眼窗外的怪獸，第一次覺得牠們看起來真的好孤單，很不開心。

為了安撫怪獸，媽媽教安安把注意力放在每一個念頭和感覺，並欣然接受。安安能夠學會接納這些惱人的怪獸嗎？

媽媽跟安安分享了練習的方法，例如仔細觀察一張圖片並寫下看到的事物，專注做一件事，而且全心全意的投入。

小朋友，請跟著安安一起寫下你觀察到的事物。

安安也學會了深呼吸，隨著吸氣和吐氣，讓思緒和感覺自在的進出。有了「平靜」的陪伴，安安不再辛苦的跟可怕的怪獸們對抗，還可以讓牠們再靠近一點。

　　安安想像自己在一個安全舒適的地方，做「蝴蝶式擁抱」——手臂在胸前交叉，在肩膀輕輕拍一下。然後左右手交換，來回做幾次，就像蝴蝶有節奏的輕拍著翅膀。

安安還學到了多吃健康的食
物、適度的運動和充足的睡眠，
不但可以把身體照顧好，也可以
讓心情變得更好。

快樂

害怕

擔心

生氣

悲傷

安安從來不知道，原來情緒會讓身體的不同部位產生特定的反應。自從專注的觀察之後，安安好像比較能懂怪獸們傳遞的訊息了。

當恐怖的情緒怪獸又集結成超級大怪獸的時候，安安會向家人、朋友和其他可以信任的大人，甚至是幻想的玩伴尋求幫助。

安安終於越來越懂得如何跟怪獸們相處了。但是這些方法，真的能夠讓安安完全了解牠們想要什麼嗎？

後來，令人討厭的怪獸們又再度糾結在一起。這一次，安安告訴自己如果牠們想要靠近，就讓牠們靠近，即使牠們帶來不愉快的念頭或記憶，也沒有關係。

怪獸們走過來時，安安友善的歡迎牠們靠近。就在那一刻，怪獸們變得不一樣了！眼前的牠們一點也不像是凶猛的野獸，不過就是幾隻想討人注意的小毛怪而已。安安一直以為這些怪獸很可怕，沒想到現在牠們看起來那麼無害。

以前安安總是把惱人的情緒怪獸關在外面，不讓牠們靠近，直到牠們硬闖進來。現在安安明白了，只要給牠們多一點的時間和關心，牠們自然會離開。

安安會邀請那些情緒怪獸進來，傾聽牠們，關心牠們。安安也會利用遊戲、畫畫、寫作和說話的方式來溝通。儘管有些時候，牠們又會變成超級大怪獸，讓安安很難受，但是經過不斷的練習，安安逐漸可以和牠們好好相處了。

一一直以一來ㄌㄞ，安安以為ㄨㄟ討ㄊㄠ厭一ㄢ的ㄉㄜ怪ㄍㄨㄞ獸ㄕㄡ會ㄏㄨㄟ傷害ㄏㄞ人ㄖㄣ，其ㄑ實ㄕ牠ㄊㄚ們ㄇㄣ的ㄉㄜ出ㄔㄨ現ㄒㄧㄢ只ㄓ是ㄕ想ㄒㄧㄤ要一ㄠ幫ㄅㄤ助ㄓㄨ人ㄖㄣ。「生ㄕㄥ氣ㄑㄧ」是ㄕ鼓ㄍㄨ勵ㄌㄧ安安有ㄧㄡ話ㄏㄨㄚ要一ㄠ勇ㄩㄥ敢ㄍㄢ的ㄉㄜ說ㄕㄨㄛ出ㄔㄨ來ㄌㄞ。「擔ㄉㄢ心ㄒㄧㄣ」提ㄊㄧ醒ㄒㄧㄥ安安凡ㄈㄢ事ㄕ要一ㄠ小ㄒㄧㄠ心ㄒㄧㄣ謹ㄐㄧㄣ慎ㄕㄣ。

「害怕」讓安安在需要的時候，能夠迅速做出反應，保持安全。「悲傷」讓安安體認什麼才是真正重要的事情。用心理解每一隻怪獸，讓安安開始明白牠們真正想要傳達的訊息。

勇敢發聲

尋求幫助

放鬆一下

現在，當令人害怕的怪獸又來的時候，安安可以和牠們坐在一起，想像牠們所帶來的念頭和感覺，彷彿一波一波的海浪，上上下下、起起伏伏，但終究都會消逝。

安安終於懂得怎麼關心情緒怪獸，而且無論如何，都會安心的接受牠們。

Sad

Disappointed

Lonely

Depressed

Hurt

Secure

Grateful

Numb

Miserable

Grieving

Silly

Calm

How are you feeling?

Helpless

Confused

Vulnerable

Excited

Love

Proud

Ha

Overwhelmed

Joyful

Hopeful

Peaceful

Anxious

Shocked

Insecure

Nervous

Relaxed

Stressed

Threatened

Furious

Anger

Worry

Panicked

Safe

Annoyed

Ashamed

Jealous

Fear

Enraged

Frustrated

Terrified

Disgusted

歡迎光臨，我的情緒怪獸！

文・王意中（王意中心理治療所所長／臨床心理師）

每種情緒就像一隻隻長相各異的怪獸，牠們喜歡當個不速之客，總是趁人毫無防備時突然現身，有時還會成群結隊迎面襲來。我們對情緒怪獸喜惡分明，只要是自認為好的情緒，就對牠情有獨鍾、寵愛有加；反之，則誓死抵抗、謝絕往來。然而，越是想要逃避，牠就越是賴著不走。長期與怪獸奮戰，不僅內心架起的武裝防備會逐漸瓦解，行為也會隨之失控，所以「與情緒怪獸和平共處」可說是每個人必須修練的技能，而且最好從小開始練習，因為這將深深影響孩子日後的性格發展、社交能力和人際關係。

「覺察」、「轉念」和「行動」是我們面對每日情緒起伏的三個核心步驟，需要無時無刻交互練習。

覺察——用心感受每一個時刻，以清楚辨識當下造訪的情緒怪獸究竟是哪一隻。

轉念——審視內心的想法，並改以開放的態度，看待迎面而來的情緒怪獸。雖然有些怪獸惹得孩子吃不下、睡不著，但其實「情緒並無好壞之分」。

行動——透過某種行為，安撫令人不愉快的情緒怪獸。無論是能夠讓身心靈放鬆的深呼吸和蝴蝶式擁抱，或是讓身體維持在最佳狀態的規律運動和充足睡眠，都能幫助釋放壓力，找回內心的平靜。

現在，就讓我們藉由這本書，帶領孩子一窺情緒怪獸的各種樣貌，並且從敞開心房接納牠們，到學會理解不同怪獸所代表的正面意義。

親子Q&A

利用以下問題，引導孩子抒發想法，進一步了解他／她的內心。

1. 情緒除了像怪獸，還像什麼？
2. 經常出現在你心中的情緒怪獸是哪一隻？
3. 如何讓討人喜歡的情緒怪獸陪伴自己久一點？
4. 如何讓令人厭惡的情緒怪獸被好好的安撫？
5. 遇見情緒怪獸時，你會想和誰說？怎麼說？
6. 你曾經專注於某件事而放鬆心情嗎？是什麼事？
7. 什麼地方讓你感到最舒適？
8. 你現在已經可以接納哪隻情緒怪獸？又可以和哪隻情緒怪獸成為朋友？

親子活動

運用以下互動式練習，幫助孩子認識情緒、表達情緒、穩定情緒。

基本情緒認識（需搭配「情緒表達親子遊戲單」使用）

「基本情緒」是孩子比較容易理解的心情（這裡指的是書中介紹到的6種情緒，包括平靜、快樂、擔心、生氣、悲傷、害怕）。這項活動有助於孩子熟悉每一隻情緒怪獸的個性，奠定掌握情緒的基礎。

示範玩法：透過這本書的故事，引導孩子說出當我們產生這6種基本情緒時，身體和心理會發生什麼變化，或者會做出什麼事情。（推薦家長可沿著虛線剪下遊戲單製作成牌卡，增添遊戲趣味！）